BEI GRIN MACHT SICH IHR WISSEN BEZAHLT

- Wir veröffentlichen Ihre Hausarbeit,
  Bachelor- und Masterarbeit

- Ihr eigenes eBook und Buch -
  weltweit in allen wichtigen Shops

- Verdienen Sie an jedem Verkauf

Jetzt bei www.GRIN.com hochladen und kostenlos publizieren

A. Sauer

Unterrichtsstunde: Auswirkungen des Klimawandels

Die SuS erarbeiten in Form eines Wirkungsgefüges die Ursachen und Auswirkungen des anthropogenen Treibhauseffektes, der für die Zunahme der Unwetter verantwortlich ist.

GRIN Verlag

Bibliografische Information der Deutschen Nationalbibliothek:

Die Deutsche Bibliothek verzeichnet diese Publikation in der Deutschen National-
bibliografie; detaillierte bibliografische Daten sind im Internet über http://dnb.d-
nb.de/ abrufbar.

Impressum:

Copyright © 2013 GRIN Verlag GmbH
Druck und Bindung: Books on Demand GmbH, Norderstedt Germany
ISBN: 978-3-656-52522-6

Dieses Buch bei GRIN:

http://www.grin.com/de/e-book/263375/unterrichtsstunde-auswirkungen-des-kli-
mawandels

Entwurf zum 4. Unterrichtsbesuch im Fach Erdkunde

Thema der Unterrichtseinheit: Klimawandel

Thema der Unterrichtsstunde: Warum gibt es immer mehr Unwetter?

Thematischer Aspekt: Die SuS erarbeiten in Form eines Wirkungsgefüges die Ursachen und Auswirkungen des anthropogenen Treibhauseffektes, der für die Zunahme der Unwetter verantwortlich ist.

1. Lerngruppenanalyse

Der Erdkunde-Kurs der E-Phase an der Georg-Christoph-Lichtenberg-Schule besteht aus 22 Schülerinnen und Schülern[1], wovon 10 weiblich und 12 männlich sind. Normalerweise wird die Lerngruppe von meiner Kollegin Frau X unterrichtet; ich habe den Kurs lediglich anhospitiert und unterrichte die SuS seit zwei Wochen. Der Unterricht findet immer mittwochs in der achten und neunten Stunde statt.

Da sich die SuS aus insgesamt sieben verschiedenen E-Phasen zusammensetzen, sich erst seit den Sommerferien kennen und nur einmal pro Woche sehen, ist kein derartiger Klassenverbund zu erwarten wie er in einer regulären Klasse besteht. Dennoch harmonieren die SuS mittlerweile gut miteinander und verhalten sich untereinander respektvoll und freundlich, sodass eine angenehme Arbeitsatmosphäre besteht. Obwohl ich die Klasse vor dem Unterrichtsbesuch erst in zwei Doppelstunden selbst unterrichten konnte, ist das Verhältnis zwischen den SuS und mir offen und kooperativ. Aufgrund des teils sehr marginalen Fachwissens einiger SuS ist die Mitarbeit im Unterrichtsgespräch jedoch stark vom Thema abhängig. Viele SuS verfügen ein breites, aber nur oberflächliches Fachwissen, das sich vor allem dann zeigt, wenn sie Verknüpfungen mit anderen Themenfeldern herstellen sollen. Dabei ist zu beobachten, dass die meisten männlichen Schüler stets mitarbeiten und versuchen, sich solche Transferleistungen zu erschließen; einige Schülerinnen sich jedoch erst melden, wenn sie sich ihrer Aussage sicher sind. Dies führt dazu, dass sich diese Schülerinnen nur selten melden und auch Probleme haben, selbständig einen Arbeitsauftrag zu erledigen, bei dem sie einen Wissenstransfer leisten müssen. Durch das ständige Wiederholen und Anknüpfen an bekanntes Wissen sowie einer intensiven Betreuung bei Einzel- und Partnerarbeiten versuche ich, auch diesen Schülerinnen den Anschluss zu wahren.

Die **Leistungsspitze** besteht aus vier Schülern, die verteilt im Raum sitzen und als Impulsgeber fungieren. Sie bringen gute bis sehr gute Beiträge, die den Unterricht voranbringen. Ihr Fachinteresse und ihr Wissen um Fachinhalte werden immer deutlich.

Das **mittlere Leistungsspektrum** setzt sich aus zwölf SuS zusammen, die noch einmal zu unterscheiden sind. Sechs der zwölf SuS beteiligen sich ebenfalls am Unterricht, allerdings meist erst, nachdem ein Impuls aus der leistungsstarken Gruppe gekommen ist, dem sie sich dann anschließen. In kooperativen Arbeitsformen zeigen sie sich arbeitswillig und erledigen die ihnen gestellten Aufgaben mit großem Eifer und Präzision. Verbesserungsmöglichkeiten bestehen noch bei der Verwendung der richtigen Fachtermini, der Verknüpfung unterschiedlicher Themenfelder und der Fähigkeit, präzise und begründet zu sprechen. Letzteres soll vor allem in der Präsentationsphase weiter vertieft werden.[2] Die andere Hälfte der zwölf SuS zeigt eine schon fast scheue Form der Mitarbeit. Diese SuS beteiligen sich mündlich nur selten und zwei dieser sechs SuS arbeiten zudem sehr ungern in kooperativen Arbeitsformen. Die schriftlichen Leistungen dieser Sechsergruppe ist im befriedigenden Bereich zu verorten. Durch Wiederholungen am Stundenbeginn und wiederholten Aufmunterungsversuchen ist es mir mittlerweile gelungen, dass sich vor allem die beiden sehr stillen Schüler gelegentlich von selbst melden, sich auf Partner- und Gruppenarbeiten einlassen und dort auch für gute Arbeitsergebnisse sorgen. Bei den anderen SuS haben die fortwährenden Wiederholungen bereits in dieser kurzen Zeit dazu geführt, dass sie ihr Basiswissen und ihr marginales Themenwissen zur Klimaproblematik ausbauen bzw. vertiefen konnten. Mittels fächerübergreifendem Unterrichten durch das Anknüpfen an Physik beim natürlichen Treibhauseffekt haben besonders diese SuS einen Bezugspunkt erfahren, konnten bereits bekanntes Wissen miteinbringen und wurden für die weiteren Prozesse im Erdkundeunterricht motiviert.

Sechs SuS bilden die Gruppe der **leistungsschwächeren Lernenden**. Dies zeigt sich vor allem daran, dass sie schriftlich bereits erarbeitete Inhalte oft nicht wiedergeben oder an bereits bekanntem Wissen nicht

---

[1] Im Folgenden abgekürzt als SuS
[2] siehe Didaktisch-Methodische Überlegungen, Punkt 3

anknüpfen können. Im Unterrichtsgespräch nehmen sie selten bis gar nicht teil, da es ihnen oftmals am Basiswissen fehlt. Durch das Wiederholen und Anknüpfen an der letzten Stunde sowie der Wiederholungsschleifen innerhalb der Stunde versuche ich, ihnen ein Anschlusslernen zu ermöglichen. Des Weiteren ist zu erwähnen, dass der Großteil dieser Gruppe aus Schülerinnen besteht, die nicht sehr am Fach Erdkunde interessiert sind. Durch aktuelle Themen und den Bezug zur Lebenswelt versuche ich, das Fach lebensnah zu gestalten und die Stunden so zu konstruieren, dass sie die Bedeutung des Faches und den Bezug zum eigenen Handeln erfahren und reflektieren und sie auf diesem Wege ein Interesse für Erdkunde entwickeln.

2. Sachanalyse

Neben dem natürlichen Treibhauseffekt, der 1896 entdeckt wurde und der der Menschheit ein Leben auf der Erde erst ermöglicht hat, kommt noch ein anthropogener Treibhauseffekt hinzu, der im Laufe der letzten Jahrzehnte stark zugenommen hat und eine Gefahr für unser Klima darstellt . Die Ursachen dafür sind vielfältig; zusammenfassend lässt sich sagen, dass die Zunahme der langlebigen und strahlungswirksamen Spurengase (Methan, Kohlendixid, Distickstoffoxid, Fluorkohlenwasserstoffe, Schwefelhexafluorid und Stickstofftrifluorid), auch Treibhausgase genannt, einen Teil der von der Erde reflektierten Wärmestrahlung davon abhält, ins Weltall zu entweichen, wodurch es zur Aufheizung der Atmosphäre kommt. Treibhausgase werden vor allem im Verbrennungsmotor des Autos erzeugt, in der Verwendung von Kühl- und Lösemitteln, bei der Verbrennung fossiler Brennstoffe in der Industrie und im Haushalt, bei Fermentationsprozessen in der Viehzucht bei der Verdauung der Tiere und bei stehenden Wasserflächen wie beispielsweise beim Nassreisanbau. Dabei wird organisches Material von Mikroorganismen zu Faulgasen (vorwiegend Methan) zersetzt. Diese anthropogenen Faktoren führen zu einer weiteren Aufheizung der Atmosphäre, die wiederum den Treibhauseffekt verstärken. Hierbei ist jedoch zu beachten, dass eine langfristige Erwärmung der unteren Atmosphäre und der Erdoberfläche stark von der Reaktion des Wasserkreislaufs (Wasserdampf, Bewölkung, Niederschlag, Verdunstung, Schneebedeckung, Meereisausdehnung) mitbestimmt wird. Der Wasserkreislauf mit dem Wasserdampf als wichtigstes natürliches Treibhausgas kann sowohl verstärkend als auch dämpfend eingreifen, weil viele seiner Zweige stark temperaturabhängig sind. Die daraus folgenden Auswirkungen vermehrter Treibhausgase auf das regionale und globale Klima können nur mit aufwändigen Klimamodellrechnungen untersucht werden. [3]

Wegen der Analogie mit den Vorgängen in einem Treibhaus, dessen Glasdach ebenfalls die Sonnenstrahlung gut durchlässt, die Wärmestrahlung von der Erdoberfläche aber nicht entweichen lässt, ist das hier beschriebene Phänomen auch als Treibhauseffekt bekannt.[4]

3. Didaktisch-methodische Analyse

Die Unterrichtseinheit „Klima und Klimawandel" ist in den Richtlinien des Hessischen Lehrplans im Rahmen der „Raumprägenden Strukturen und Prozesse"[5] für die E-Phase des gymnasialen Bildungsgangs verankert. Diese Einheit beinhaltet neben dem Aufbau der Atmosphäre, den regionalen und globalen Windsystemen und den unterschiedlichen Klimazonen auch das Feld des Klimawandels. Diese Thematik

---

[3] Vgl. Graßl, Hartmut u.a. (2008): S. 12ff.
 Vgl. Buchal, Christoph; Schönwiese, Christian-Dietrich (2010): S. 66ff.
[4] Vgl. http://www.mpimet.mpg.de/downloads/poster-galerie/poster-06.html (23.11.2012)
[5] Vgl. Hessisches Kultusministerium (2010):Lehrplan Erdkunde. S. 23.

wird durch das Schulcurriculum insofern eingegrenzt, dass es eine Fokussierung auf die Erwärmung der Erde und deren physische sowie anthropogene Auswirkungen des Treibhauseffekts vorgibt.

Da die SuS bislang im Unterricht noch nicht näher mit dem Klimawandel konfrontiert worden sind und erst eine Doppelstunde zu dieser Thematik stattgefunden hat, soll in der geplanten Stunde die Grundlage für den Klimawandel geschaffen werden. Die SuS haben sich den natürlichen Treibhauseffekt bereits erarbeitet und erfahren, dass dieser – im Gegensatz zu dem anthropogenen Treibhauseffekt – für die Bevölkerung sehr wichtig ist, da sonst kein menschliches Leben möglich wäre. Die Erarbeitung des anthropogenen Treibhauseffekts mit seinen Ursachen und Auswirkungen soll in der UB-Stunde mithilfe der Frage, warum die Unwetter in ihrer Häufigkeit und Intensität immer weiter zunehmen, geklärt werden. Ich habe mich für dafür entschieden, das Thema über die eben genannte Frage zu ermitteln, da diese Thematik zurzeit sehr aktuell ist, die Zeitungen täglich von Wetterkapriolen berichten und die SuS mit dem jüngst in den USA aufgetretenen Wirbelsturm „Sandy" konfrontiert wurden. Es handelt sich somit um eine grundlegende und uns alle betreffende Thematik, die in der Stunde geklärt wird, deren Aufriss jedoch mit einer Frage stattfindet, die die SuS in ihrer Lebenswelt abholt.

Das **Raumkonzept**, das dieser Thematik zugrunde liegt, ist der *Raum als Container*. Dabei ist der anthropogene Treibhauseffekt und die damit verbundene Aufheizung der Atmosphäre als Wirkungsgefüge zu sehen, wie beispielsweise der Ausstoß giftiger Spurengase in Form von Lösungsmitteln, bei der Verbrennung fossiler Brennstoffe oder bei der Viehzucht und den daraus resultierenden Prozessen und Auswirkungen. Der Raum ist dabei die durch menschliches Zutun erfolgte Erwärmung der Atmosphäre, die wiederum zu den vermehrten Unwettern führt.[6][7]

Den **Einstieg** bildet eine Folie mit diversen Zeitungsartikeln, die über die Unwetter und deren fatale Auswirkungen auf Mensch und Natur aus aller Welt berichten. Anhand der Schlagzeilen sollen die Schüler erkennen, dass die Unwetter in ihrer Intensität und in ihrer Häufigkeit in letzter Zeit zunehmen und eine mögliche Fragestellung, mit denen wir uns in der Stunde beschäftigen könnten, selbst formulieren.

In der anschließenden **Erarbeitungsphase** erhalten die SuS einen Text, der die Ursachen und Auswirkungen des anthropogenen Treibhauseffekts beschreibt. Dabei gehen sie arbeitsteilig vor; ein Schüler oder eine Schülerin[8] konzentriert sich beim Lesen auf die Ursachen, der andere SoS nimmt die Auswirkungen des anthropogenen Treibhauseffekts in den Blick. Ich habe mich für eine arbeitsteilige Partnerarbeit entschieden, um den Klassenverbund weiter zu fördern, da bei dieser Arbeitsweise jeder SoS eine individuelle Verantwortung für seinen/ihren Teilbereich hat. Dies fordert durch den Expertenstatus einen hohen Grad an Schüleraktivierung, Selbstwirksamkeit und Motivation. Des Weiteren wird eine intensive Auseinandersetzung mit dem jeweiligen Teilbereichs angeregt, da dies die Basis für eine ertragreiche Auseinandersetzung darstellt, was wiederum zu einer positiven Abhängigkeit zwischen den beiden Lernpartnern führt[9]. Im nächsten Schritt führen die beiden Lernpartner ihre Ergebnisse zusammen und erstellen ein Wirkungsgefüge, das die Ursachen und Auswirkungen für die Zunahme der Unwetter grafisch verdeutlicht. Um eine *Binnendifferenzierung* zu gewährleisten, liegt ein Wörterbuch der Allgemeinen Geographie auf dem Pult, in dem die SuS ihnen unbekannte Begriffe aus dem Text nachschlagen können. Anstatt den SuS Hilfekärtchen über möglicherweise fremde Wörter zu schreiben, habe ich mich aus unterschiedlichen Gründen für diese Herangehensweise entschieden: Zum einen handelt es sich um eine E-Phase, die in der Oberstufe wissenschaftspropädeutisch an die Arbeit mit fachwissenschaftlichen Wörterbüchern herangeführt werden sollen; zum anderen kann man den SuS dieser Altersstufe diesen Grad an Selbstständigkeit zumuten. Sollte einer der Lernpartner einen Begriff nicht kennen, kann er sich ihn durch seinen Nachbarn erklären lassen, wodurch ein „Lernen durch Lehren"

---

[6] siehe Sachanalyse, Punkt 2
[7] Vgl. Rhode-Jüchtern, Tilman (2009): S. 137.
[8] Im Folgenden abgekürzt als SoS
[9] Vgl. Brüning, Ludger; Saum, Tobias (2009): S. 79.

stattfindet. Sollte der Begriff beiden SuS nicht bekannt sein, können sie im Wörterbuch nachschlagen. Diese Selbsttätigkeit fordert wiederum ein nachhaltigeres Lernen als wenn der Begriff vom Lehrer erklärt worden wäre. Da diese Lerngruppe einen großen Teil an SuS beinhaltet, die sich im unteren leistungsmittleren sowie leistungsschwächeren Feld befinden, habe ich mich für eine *weitere Binnendifferenzierung* entschieden, die den SuS den Zugang zu der Darstellung des Wirkungsgefüges erleichtern soll. Einige SuS haben Probleme damit, Informationen aus dem Text auf die Bildebene zu übertragen und die Prozesshaftigkeit von Vorgängen grafisch darzustellen; daher liegt auf dem Pult ein leeres[10] Wirkungsgefüge bereit, das mit der zentralen Aussage bereits versehen ist. Mithilfe dieses Rasters haben die SuS einen ersten Ansatzpunkt und können sich die anderen Kästchen mithilfe des Textes erschließen. Dieses Raster ist allerdings lediglich *eine* Möglichkeit, das Wirkungsgefüge zwischen den Ursachen und Auswirkungen des anthropogenen Treibhauseffektes darzustellen.

Der Text, den ich selbst verfasst habe, beinhaltet nur die wichtigsten Ursachen und Auswirkungen des Klimawandels, um den SuS zum einen zwar die Thematik näherzubringen, zum anderen aber allen SuS die Möglichkeit zu geben, in einer überschaubaren Zeit alle sich im Text befindlichen Ursachen und Auswirkungen in ein sinnvolles Wirkungsgefüge zu bringen.

In der anschließenden **Präsentationsphase** und zugleich **Sicherungsphase** stellen die SuS ihre Ergebnisse vor, indem sie die auf Kärtchen stehenden Ursachen und Auswirkungen an der Tafel dementsprechend zuordnen und mit Pfeilen versehen. Die anderen SuS gleichen die Ergebnisse mit ihrem ab. Hierbei wird deutlich, dass es mehrere unterschiedliche Möglichkeiten gibt, dieses Wirkungsgefüge darzustellen. Zu beachten ist dabei lediglich, dass bei allen individuellen Ergebnissen die Abhängigkeit und Prozesshaftigkeit zwischen den Ursachen und Auswirkungen sowie die zentrale Aussage, nämlich die Erhitzung der Atmosphäre, deutlich wird. In einer zweiten Sicherungsphase formulieren die SuS selbständig einen Antwortsatz auf die Einstiegsfrage, warum es immer mehr Unwetter gibt.

Die **Hausaufgabe** besteht darin, dass die SuS die konkreten Auswirkungen des anthropogenen Treibhauseffekts an einem Beispiel ihrer Wahl erläutern, bspw. dem Anstieg des Meeresspiegels und die Auswirkungen auf die Malediven.

4. Verlaufsplan

Phase	Inhalt	Methode	Arbeits- mittel
Einstieg	• Folie: Zeitungsartikel - SuS beschreiben, was Sie den Zeitungsartikeln entnehmen - SuS entwickeln anhand der Folie eine mögliche Fragestellung für die Stunde *Frage: Warum gibt es immer mehr Unwetter?* -Sammeln der Vermutungen an der Tafel	PL PL	OHP, Folie Tafel
Erarbei- tung	• **AB:** Text mit Ursachen + Auswirkungen - SuS bearbeiten den Text zuerst in arbeitsteiliger PA; anschließend erstellen sie gemeinsam ein Wirkungsgefüge	At PA	AB, Schüler- heft
Minimalziel			
Präsen- tation	-SuS nennen Ursachen + Auswirkungen, Lehrer schreibt diese auf Kärtchen	UG	Kärt- chen

---

[10] Lediglich die zentrale These ist bereits vorgegeben, damit die leistungsschwächeren SuS einen Ansatzpunkt haben, um das Wirkungsgefüge zu vervollständigen.

4

			Edding
+ Sicheru ng I	- SuS präsentieren ihre Ergebnisse mittels der an der Tafel verschiebbaren Kärtchen und zeigen Auswirkungen mittels Pfeilen auf SuS vergleichen das Ergebnis an der Tafel mit ihrem Ergebnis und korrigieren bzw. ergänzen gegebenenfalls		Mag- nete
Maximalziel			
Siche- rung II	-SuS formulieren mithilfe ihres neu gewonnenen Wissens einen Antwortsatz auf die Einstiegsfrage, warum es immer mehr Unwetter gibt.	PL	Tafel
HA	Erläutern Sie die konkreten Auswirkungen des anthropogenen Treibhauseffekts an einem Beispiel Ihrer Wahl.		Tafel, Schüler- heft

5. Einbettung der Stunde in die Einheit

Stunde	Inhalt	Phase
31.10.2012	Entfall (Kollegiumsausflug)	-
07.11.2012	Entfall (Teilnahme am Hessischen Schulgeographentag in Gießen)	-
14.11.2012	Wiederholung der globalen Windsysteme am Beispiel der Atacama-Wüste	-SuS wiederholen die globalen Windsysteme und erläutern, wie die trockenste Wüste der Welt direkt neben dem Ozean entstehen kann.
21.11.2012	Einführung in den Klimawandel, natürlicher Treibhauseffekt	-SuS erstellen ein Cluster zum Klimawandel und gehen der Frage nach, inwiefern ein Klimawandel im Laufe der letzten vier Mrd. Jahre ganz normal war und wodurch diese Klimaschwankungen zustande kamen.
28.11.2012	Natürlicher Treibhauseffekt (1. Stunde) **Anthropogener Treibhauseffekt**	**-SuS erarbeiten mittels eines Wirkungsgefüges, warum es immer mehr Unwetter gibt.**
05.12.2012	Klassenarbeit	

6. Geplanter Kompetenzaufbau[11]

Kompetenzbereiche	Standards	Indikatoren
Geografische Analysekompetenz	Die SuS erkennen das Problem und äußern Vermutungen über die Zunahme von Unwettern.	Die SuS erkennen anhand der Zeitungsmeldungen, dass es zu einer Zunahme von weltweiten Unwettern kommt und entwickeln daraus die Frage für die Stunde. Anschließend äußern sie mithilfe ihres Vorwissens über den (natürlichen) Treibhauseffekt Vermutungen darüber, wodurch die Unwetter in ihrer Häufigkeit und Intensität zunehmen.
Kommunikations- und	Die SuS erlernen die Fähigkeit, Prozesse	Um das Wirkungsgefüge mit den Ursachen und Auswirkungen des Klimawandels vom Text- auf die

---

[11] Vgl. Hessisches Kultusministerium (2010): Bildungsstandards und Inhaltsfelder: Erdkunde, S. 9-17

Urteilskompetenz	begründet beurteilen und bewerten zu können.	Bildebene übertragen zu können, müssen sich die SuS über den Inhalt des Textes, den sie sich arbeitsteilig erarbeitet haben, austauschen. Durch das gegenseitige Erklären und Finden einer gemeinsamen Lösung, die beide Bereiche vereint, ist das begründete Sprechen und das Erkennen von Abhängigkeiten zwischen Ursachen und Auswirkungen sowie den Prozesshaftigkeiten zwischen beiden Bereichen unumgänglich. Bei der Sicherung an der Tafel schulen die Lernenden ihre Urteilskompetenz, indem sie ihr Wirkungsgefüge begründet darstellen und vor der Klasse vertreten.
Geografische Methodenkompetenz	Die SuS können Informationen von der Text- auf die Bildebene übertragen und die beschriebenen Prozesse in eine geeignete Darstellungsform bringen.	Die SuS entnehmen die für sie relevanten Informationen aus dem Text und erstellen daraus ein Wirkungsgefüge, das die Ursachen und Auswirkungen für die Zunahme der Unwetter grafisch verdeutlicht.
Sozialkompetenz	Die Schüler können in Partnerarbeit zusammenarbeiten, sich gegenseitig ergänzen und helfen.	Die Schüler gehen arbeitsteilig vor, indem sie zunächst den Text in Einzelarbeit lesen und sich dann über den jeweils fokussierten Inhalt (Ursachen bzw. Auswirkungen) austauschen. Zusammen erarbeiten sie ein Wirkungsgefüge, das die Ursachen und Auswirkungen für die Zunahme der Unwetter darstellt. Durch die arbeitsteilige Partnerarbeit entsteht ein wechselseitiges Vertrauen durch die Verantwortungsübernahme der jeweiligen Inhalte. Beim Finden einer Lösung, die beide Inhalte vereint, kommunizieren sie miteinander und stellen sich ihre Faktoren begründet vor, um zu einer Prozesshaftigkeit und somit zu einem gemeinsamen Ergebnis zu gelangen.

7. Literatur

Buchal, Christoph; Schönwiese, Christian-Dietrich (2010): Klima. Die Erde und ihre Atmosphäre im Wandel der Zeiten. Helmholz-Gesellschaft Deutscher Forschungszentren, Gütersloh.

Graßl, Hartmut u.a. (2008): Warnsignal Klima: Gesundheitsrisiken: Gefahren für Pflanzen, Tiere und Menschen. Wissenschaftliche Auswertungen, Hamburg.

Hessisches Kultusministerium (2010): Bildungsstandards und Inhaltsfelder. Das neue Kerncurriculum für Hessen, Sekundarstufe I – Gymnasium: Erdkunde. Wiesbaden.

Hessisches Kultusministerium (2010): Lehrplan Erdkunde. Gymnasialer Bildungsgang, Jahrgangsstufen 5G bis 8G und gymnasiale Oberstufe.

Max-Planck-Institut für Meteorologie:
http://www.mpimet.mpg.de/downloads/poster-galerie/poster-06.html (23.11.2012)

Rhode-Jüchtern, Tilman (2009): Eckpunkte einer modernen Geographiedidaktik. Klett-Kallmeyer, Seelze.

- **Folie:**

http://www.sueddeutsche.de/95i38Q/964434/Mehrere-Tote-bei-Unwetter-in-Italien.html (18.11.2012)

http://www.welt.de/vermischtes/weltgeschehen/article108481008/Unwetter-169-Tote-Hunderttausende-obdachlos.html (18.11.2012)

http://www.focus.de/panorama/welt/die-welt-spielt-verrueckt-ueberschwemmungen-und-unwetter-fordern-hunderte-opfer_aid_778577.html (18.11.2012)

http://newsticker.sueddeutsche.de/list/id/1385228 (18.11.2012)

http://newsticker.sueddeutsche.de/list/id/1383698 (14.11.2012)

http://www.zeit.de/wissen/umwelt/2012-07/russland-unwetter-deutschland (18.11.2012)

http://www.dwdl.de/nachrichten/28901/neuer_look_fr_die_weltzeitungen/ (14.11.2012)

- **Arbeitsblatt**

Text: selbst verfasst

Abb. 1: http://www.ad-hoc-news.de/bilder/unwettern-bereits-52-unwetter-tote-in-rio-de-janeiro-erdrutsch-auf-ilha-grande-352454_0_320.jpg (19.11.2012)

Abb. 2: http://www.sueddeutsche.de/panorama/bildstrecke-ueberschwemmungen-in-spanien-1.346671 (19.11.2012)

8. Anhang

- Folie mit Zeitungsartikeln
- Arbeitsblatt mit Arbeitsauftrag
- Binnendifferenzierung: Wirkungsgefüge zum Text

DIE  WELT

Rom, 13.11.2012

Verkehrschaos, Tote und Verletzte nach Flutwellen in großen Teilen der Toskana und Umbrien. Starke Regenfälle ließen Brücken und Häuser einstürzen. Nun droht durch das Überlaufen des Tibers Rom überschwemmt zu werden.

China, 03.08.2012

Taifune in Asien bringen Tod und Verwüstung. Zwei orkanartige Stürme sorgten für Überschwemmungen, Erdrutsche, Schlammlawinen, zerstörte Straßen und Häuser.

Nordkorea, 25.07.2012

Nach schweren Überschwemmungen sind in Nordkorea 169 Menschen ums Leben gekommen, Hunderttausende sind obdachlos.

Lissabon, 18.11.2012

Schwere Unwetter haben den Süden Portugals heimgesucht und verursachten einen Millionen-Schäden. Bei dem orkanartigen Unwetter wurden 13 Menschen verletzt und mehrere Dörfer waren ohne Strom. Durch die umhergewirbelten Autos und Straßenlaternen herrschte ein zeitweiliger Ausnahmezustand.

Russland, 10.11.2012

In der südrussischen Region Krasnodar sind durch Überschwemmungen und Erdrutsche bislang mehr als 100 Menschen ums Leben gekommen. Den Behörden zufolge fiel innerhalb weniger Stunden so viel Regen wie sonst im Zweimonatsdurchschnitt. "Niemand kann sich in der Geschichte an solche Überschwemmungen erinnern.", sagte Gouverneur Alexander Tkachow.

Quellen:
Texte: http://www.sueddeutsche.de/95i38Q/964434/Mehrere-Tote-bei-Unwetter-in-Italien.html (18.11.2012)
http://www.welt.de/vermischtes/weltgeschehen/article108481008/Unwetter-169-Tote-Hunderttausende-obdachlos.html (18.11.2012)
http://www.focus.de/panorama/... (18.11.2012)
http://newsticker.sueddeutsche.de/list/id/1385228 (18.11.2012)
http://newsticker.sueddeutsche.de/list/id/1383698 (14.11.2012)
http://www.zeit.de/wissen/umwelt/2012-07/russland-unwetter-deutschland (18.11.2012)
Logo: http://www.dwdl.de/nachrichten/28901/neuer_look_fr_die_weltzeitungen/ (14.11.2012)

Ursachen und Auswirkungen des Klimawandels

„Unser Klima ist in Gefahr!" Solche oder ähnliche Äußerungen hört man immer wieder. Doch was ist dran an diesen Aussagen? Die zunehmenden Unwetter in Häufigkeit und Ausmaß nähren den Verdacht, dass sich unser Klima ändert. Bisher ist diese

5   Frage nicht endgültig geklärt, denn der Beobachtungs- und Vergleichszeitraum ist zu kurz. Doch eines ist sicher und nachgewiesen: Menschliches Verhalten und Fehlverhalten trägt mit zur Aufheizung der Erdatmosphäre bei, die wiederum fatale Folgen hat. Durch den Temperaturanstieg kann die Luft mehr

Abb. 1   Bodenerosion

10 Wasser aufnehmen. Dies führt zu einer Zunahme der Wasserverdunstung, die sich wiederum in Starkregenfällen äußert. Diese Starkregenfälle führen wiederum zu einer Zunahme der Bodenerosion. Wird der Boden durch lang anhaltende, häufige und starke Niederschläge angegriffen und letztlich abgetragen, sowie bedingt durch den Temperaturanstieg, kommt es zur Entstehung und   Ausweitung von Dürregebieten. Beide Auswirkungen werden zudem durch die Brandrodung und Waldzerstörung in den

15 Tropen hervorgerufen und beschleunigt. Eine weitere Folge der Aufheizung der Atmosphäre ist das Abschmelzen der Gletscher und Polkappen, das wiederum zum Anstieg des Meeresspiegels führt. Letztlich führt die Aufheizung der Atmosphäre zu einer Zunahme von Stürmen, da die Luftdruckunterschiede zunehmen und es somit zu einer erhöhten Ausgleichsströmung kommt.

20 Da die Aufheizung der Atmosphäre weitreichende Auswirkungen für die Natur und den Menschen hat, sollten die Ursachen dafür eingedämmt werden. Den Anfang machte in den 80er Jahren des 20. Jahrhunderts das großflächige Verbot des Einsatzes von FCKW in vielen Anwendungen, das als Kältemittel und Treibgas verwendet

25 wurde. Es konnte belegt werden, dass es einen großen Beitrag zur Zerstörung der Ozonschicht leistet; dasselbe gilt für den CO_2- Ausstoß im Straßenverkehr. Weitere

Abb. 2   Überschwemmungen

Treibhausgase werden durch die Verbrennung fossiler Brennstoffe (Kohle, Erdöl, Erdgas, und Biomasse) in der Industrie und im Haushalt erzeugt, ebenso bei

30 Fermentationsprozessen in der Viehzucht bei der Verdauung der Tiere oder bei stehenden Wasserflächen wie beispielsweise beim Nassreisanbau. Dabei wird organisches Material von Mikroorganismen zu Faulgasen (vorwiegend Methan) zersetzt. Diese anthropogenen Faktoren führen zu einer weiteren Aufheizung der Atmosphäre, die wiederum den Treibhauseffekt verstärken.

Arbeitsauftrag:

1) Lesen Sie den Text und unterstreichen Sie arbeitsteilig die Ursachen bzw. Auswirkungen des Klimawandels.

2) Erstellen Sie in Partnerarbeit ein Wirkungsgefüge, das die Ursachen und Auswirkungen für die Zunahme der Unwetter grafisch verdeutlicht.

Quellen:
Text: selbst verfasst
Abb. 1: http://www.ad-hoc-news.de/bilder/unwettern-bereits-52-unwetter-tote/... jpg (19.11.2012)
Abb. 2: http://www.sueddeutsche.de/panorama/bildstrecke-ueberschwemmungen-in-spanien-1.346671 (19.11.2012)

Wirkungsgefüge zum Text „Ursachen und Auswirkungen des Klimawandels"

URSACHEN **ZENTRALES PROBLEM** **AUSWIRKUNGEN**

Aufheizung   der
Atmosphäre

Wirkungsgefüge zum Text „Ursachen und Auswirkungen des Klimawandels"

URSACHEN　　　　　　　**ZENTRALES PROBLEM**　　　　　**AUSWIRKUNGEN**

FCKW-Ausstoß → **Aufheizung der Atmosphäre** → Zunahme der Wasserverdunstung → Starkregenfälle

CO$_2$-Ausstoß

Verbrennung fossiler Brennstoffe

Viehzucht

Nassreisanbau

Brandrodung + Waldzerstörung

Abschmelzen der Gletscher + Polkappen

Anstieg des Meeresstiegels

Zunahme von Stürmen

Verstärkung des Treibhauseffekts

Bodenerosion

Dürregebiete

Verlaufsplan

Phase	Inhalt	Methode	Arbeits-mittel
Einstieg 8´	• **Wiederholung** letzter Stunde: Überlegen, was wir erarbeitet haben und zu welchem Ziel wir dabei gekommen sind [nat. THE: ermöglicht menschliches Leben auf der Erde]	Think - Pair – Share	
	➤ Anstatt dass wir froh sein müssten, den THE zu haben, liest man derzeit immer mehr solcher Schlagzeilen… • Folie: Zeitungsartikel *-Beschreiben Sie bitte, was Sie den Zeitungsartikeln entnehmen* Um heutiges Stundenthema zu haben: *-Entwickeln Sie anhand der Schlagzeilen eine Fragestellung, mit der wir uns in dieser Stunde beschäftigen könnten.* **TA**: WARUM GIBT ES IMMER MEHR UNWETTER?	PL	OHP, Folie
Überleitung 4´	Sammeln der Vermutungen an Tafel	PL	Tafel
Erarbeitung 15´	• **AB:** Text BiDi: *Wirkungsgefüge, Wörterbuch* - **AA vorlesen lassen+ at PA erklären** ➤ Partneraustausch 10´ Zeit an Tafel schreiben HA anschreiben *Tafel 1) Verfassen Sie mithilfe Ihres erarbeiteten Wissens einen Antwortsatz auf die Einstiegsfrage, warum es immer mehr Unwetter gibt.* *Tafel 2) Erläutern Sie die konkreten Auswirkungen des THE an einem Beispiel Ihrer Wahl.*	At PA	AB, Schüler-heft
Präsentation 10´	SuS nennen Ursachen + Auswirkungen, Lehrer schreibt diese auf Kärtchen > mit Magneten an Tafel positioniert Zuhörer: Es gibt Hilfeblatt ist nicht die einzige Möglichkeit, ein Wirkungsgefüge zu erstellen. > Freiwillige SuS verschieben Kärtchen und zeigen Auswirkungen mittels Pfeilen auf → Zentrales Problem: *Aufheizung der Atmosphäre wodurch hervorgerufen?* ➤ indem die Gase die reflektierte Wärmestrahlung zurückhalten! ■ Zurück zu letzter Stunde: nat. THE > Veränderung des Klimas durch Umweltbedingte Faktoren ■ Hier: Veränderung des Klimas aber nicht durch umweltbedingte Faktoren, sondern…durch menschliches Zutun = anthropogen ➤ Anthropogener THE > durch Mensch hervorgerufen → Überschrift! Der anthropogene Treibhauseffekt → Zur Ausgangsfrage zurück: **Warum gibt es immer mehr Unwetter?** Abgleich mit Vermutungen	PL	Kärtchen, Edding
Sicherung 3´	• **TA**: Anthropogene Faktoren führen zur vermehrten Ansammlung von Gasen in der Atmosphäre, wodurch die reflektierten Wärmestrahlen zurückgehalten werden. Dies führt zur Aufheizung der Atmosphäre führt, die wiederum Wetterextreme zur Folge hat.	UG	Tafel